SOCIÉTÉ... DE L'AGRICULTURE DE VAUCLUSE

RÉSUMÉ DE CONFÉRENCES AGRICOLES

SUR LA RECONSTITUTION

DU

VIGNOBLE VAUCLUSIEN

PAR LES CÉPAGES AMÉRICAINS

PAR

Ed. ZACHAREWICZ

Professeur départemental d'Agriculture du Vaucluse

Recueil publié sous les auspices du Conseil Général conformément
à une délibération de la session d'août 1889

AVIGNON

SEGUIN FRÈRES, IMPRIMEURS-ÉDITEURS

16, rue Bouquerie, 16

1889

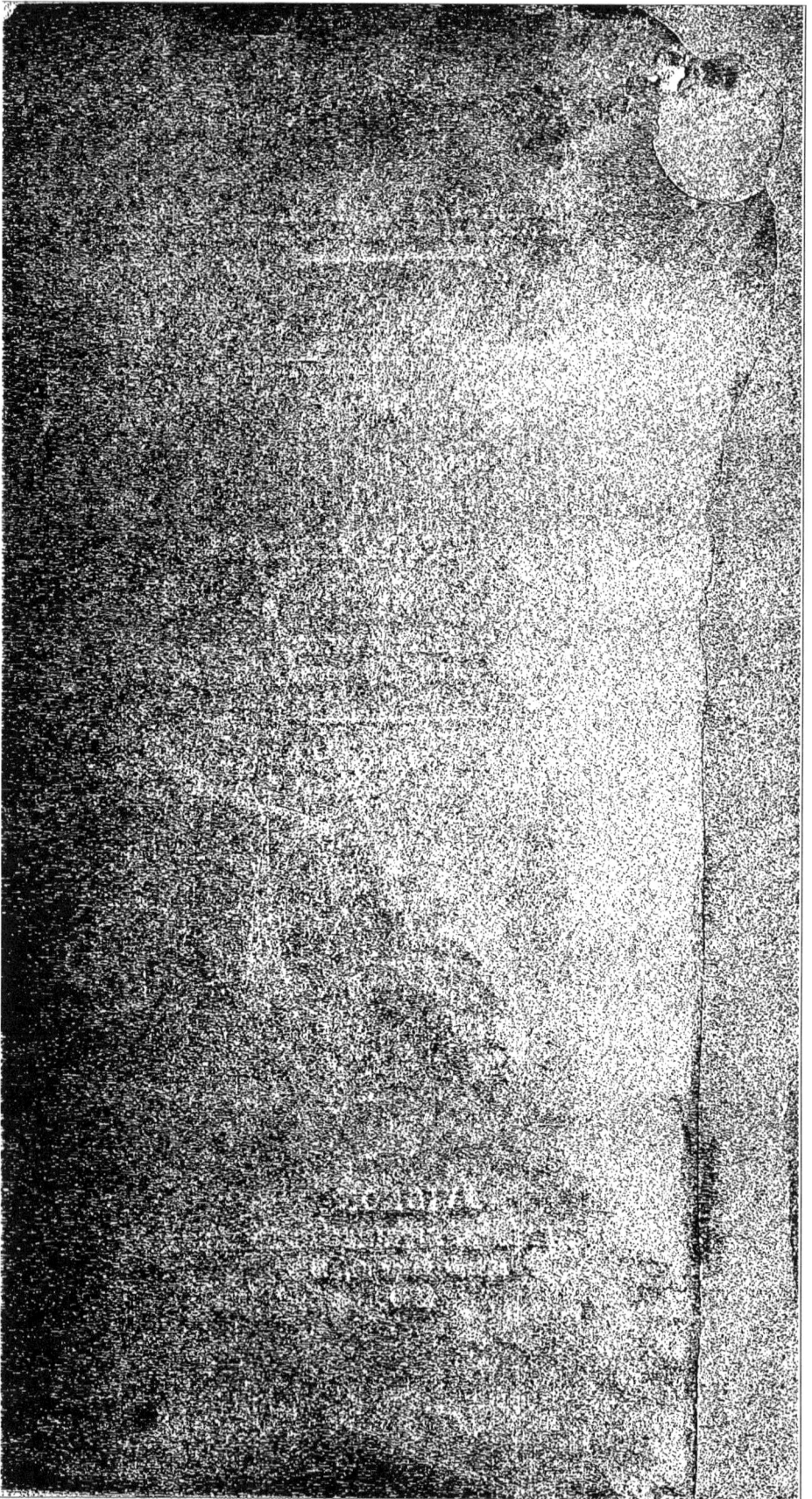

RÉSUMÉ DE CONFÉRENCES AGRICOLES

SUR LA RECONSTITUTION

DU

VIGNOBLE VAUCLUSIEN

PAR LES CÉPAGES AMÉRICAINS

PAR

Ed. ZACHAREWICZ,

Professeur départemental d'Agriculture de Vaucluse.

Recueil publié sous les auspices du Conseil Général, conformément
à une délibération de la session d'août 1889.

AVIGNON

SEGUIN FRÈRES, IMPRIMEURS-ÉDITEURS

13, rue Bouquerie, 13

1889

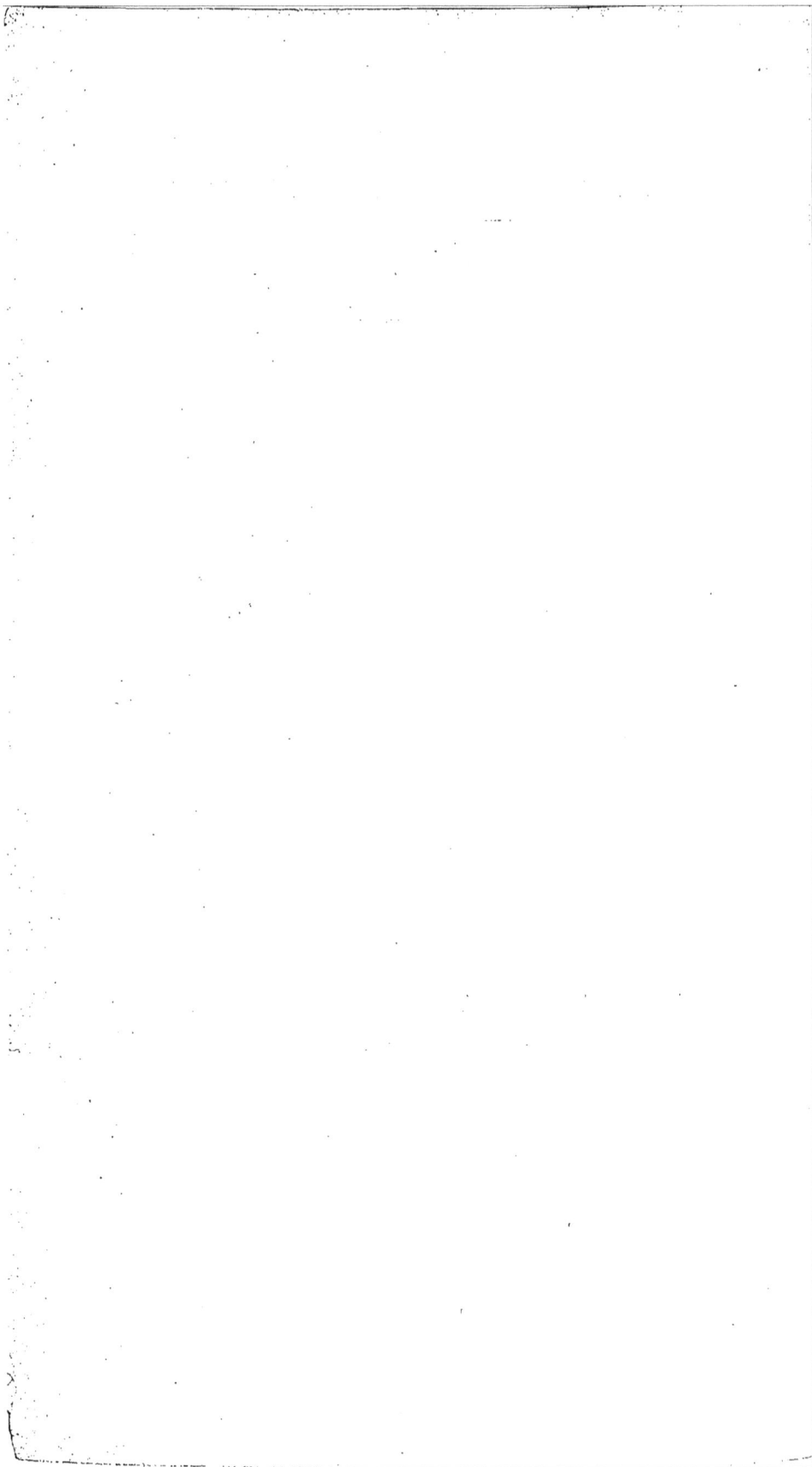

A Monsieur BRET,

Préfet, Chevalier de la Légion d'Honneur.

A Messieurs les Membres du Conseil Général.

Ed. ZACHAREWICZ.

PRÉFACE

La reconstitution du vignoble par les plants américains étant une question toute d'actualité et des plus importantes, il était indispensable que les propriétaires eussent en leur possession une petite brochure réunissant en un faisceau tout ce qui concerne ce problème.

C'est ce qui m'a engagé à traiter de la résistance et de l'adaptation des vignes américaines, des plants qui se font dans le département, des variétés qui y donnent les meilleurs résultats, des divers modes de plantation, de la confection des boutures, de l'opération du greffage, des soins à donner aux vignes greffées et de la taille.

J'ai tâché de donner à tous ces renseignements puisés çà et là, la plupart dans les livres de mes maîtres et de mes amis, autant de clarté que possible, afin que tous les agriculteurs sans exception puissent les prendre pour un guide sûr qui leur évitera de nouveaux déboires, pareils à ceux que beaucoup ont éprouvés dès les premières plantations.

M. le Préfet et le Conseil général ont reconnu aussi l'utilité qu'il y avait à publier un résumé de mes confé-

rences et ont voulu favoriser l'extension de cette brochure en votant un crédit, ce qui me permettra de
la distribuer gratuitement à mes auditeurs.

J'adresse, au nom de tous les agriculteurs du département, des remerciements à M. le Préfet et à MM. les
Conseillers généraux, et je ne puis faire mieux que de
leur dédier mon petit livre, pour leur exprimer ma
reconnaissance personnelle.

ED. ZACHAREWICZ.

Avignon, le 25 novembre 1889.

Reconstitution du Vignoble Vauclusien

Par les Cépages Américains

Messieurs,

Avant l'invasion phylloxérique, c'est-dire avant 1866, le département de Vaucluse possédait 32,000 hectares de vignes françaises ; après l'invasion cette surface fut réduite à 3,948 hectares, préservés soit par la nature du sol, soit par la submersion, soit encore par les insecticides.

En même temps que la vigne succombait aux atteintes du puceron, une autre culture très prospère pour le département disparaissait aussi : nous voulons parler de la garance. Il en était à peu près de même pour l'industrie des vers à soie, autrefois si rémunératrice, le prix des cocons ayant baissé et ne satisfaisant plus l'éleveur.

Ce n'était donc pas le moment, on le voit, d'abandonner la vigne si l'on voulait revenir un jour à l'ancienne prospérité, et il ne fallait pas non plus replanter des plants français, trop accessibles aux piqûres du phylloxera.

C'est alors qu'on s'est tourné vers les plants du Nouveau-Monde, réputés inaccessibles et dont la résistance en effet jusqu'ici n'a fait que s'affirmer. Durera-t-elle toujours ? est la question posée le plus souvent. A cela nous répondons : il est plus que probable, puisque les mêmes variétés que nous cultivons résistent en Amérique depuis des temps plus ou moins reculés. Ce point a été éclairci d'abord par M. Planchon dans son voyage de 1873, puis, il y a deux ans, par M. Pierre Viala, dont la mission était de trouver dans les divers États d'Amérique un plant pouvant s'adapter aux terrains calcaires.

Si nous ne pouvons pas être plus affirmatif là-dessus, nous pouvons l'être au moins sur la résistance de certains cépages pendant plusieurs années. C'est ainsi que l'on trouve dans l'Hérault, dans les propriétés de M. Pagézy, qui a été un des premiers propagateurs des vignes américaines, des Clintons plantés en 1873 et greffés en 1875. Nous citerons encore des Taylors existant à l'École nationale d'agriculture de Montpellier depuis 12 et 13 ans et greffés depuis dix ans. D'ailleurs, sans sortir du département, nous en trouvons des exemples nombreux : chez M. Liotier, à Chalencon, près Vedènes, on trouve des Taylors de 13 ans, des Jacquez de 9 ans greffés en Alicante, des York Madeira de 11 ans ; chez M. Ducos, au château de la Nerthe, des greffes sur Clinton faites en 1878, sur Solonis en 1882 ; chez M. Rousseau, à Carpentras, des Jacquez de 11 et 12 ans ; chez M. Masson, à Courthézon, des greffes sur Riparia, Vialla, Solonis de

6 ans ; chez M. Loubet, à Courthézon, des greffes
de 11 ans sur Solonis, des Jacquez de 10 ans, etc.
Il est inutile de vous dire que toutes ces vignes
offrent une belle végétation et une fructification
régulière.

Ces plants, même greffés, n'ont donc pas perdu
leur degré d'immunité par suite de leur importation
en France, et cette immunité s'est maintenue pendant une période assez longue. Aussi, la vigne américaine, qui n'occupait dans le département que
681 hectares en 1883, 875 hectares en 1884, occupe
aujourd'hui plus de 6,000 hectares et tend à s'étendre toujours davantage.

On s'est demandé quelle pouvait être la cause
de la résistance des vignes américaines aux piqûres
du phylloxéra. On a prétendu qu'elle était due à la
quantité de matières résineuses que contenaient
leurs racines; mais, après analyse faite, on a dû
écarter cette opinion, l'analyse ayant démontré que
les racines françaises contenaient la même quantité
de ces matières.

La vraie explication de cette résistance a été
donnée par M. Foëx, directeur de l'École d'agriculture de Montpellier, dont les observations mi-
crographiques ont prouvé que les lésions produites
par la piqûre de l'insecte ne s'étendent ni ne pro-
gressent dans la racine du cépage américain,
qu'elles vont au plus jusqu'à la limite interne du
liber, bien souvent seulement jusqu'à l'intérieur de
l'écorce, tandis que dans les racines des cépages

français, ces mêmes lésions arrivent par les rayons médullaires jusqu'au cœur de la moelle qu'elles désorganisent. Par conséquent, la lignification des racines américaines est plus complète que celle des racines françaises, de là provient leur résistance au phylloxéra.

*
* *

Dans la plantation des vignes américaines se trouve une question très importante et très ardue, c'est l'adaptation au sol, certainement la partie la plus difficile du problème de la reconstitution.

Différentes opinions ont été émises au sujet de cette question.

Ainsi on s'est aperçu que les vignes américaines viennent très bien dans les sols à coloration rougeâtre ; de là M. Louis Vialla en a conclu que la vigne trouve dans ces terrains la quantité de fer qui lui est nécessaire pour sa végétation ; M. Sahut, émettant à peu près la même idée, a attribué cette vigueur à la quantité de fer à l'état d'oxyde que renferment ordinairement ces sols, forme sous laquelle le fer peut être assimilé par les plantes.

Mais à tout cela, M. Audoynand a répondu qu'en moyenne nos terres arables contenaient 2 p. % de fer, tandis qu'on n'en retrouvait que des quantités très minimes dans les plantes, et notamment dans les cendres de la vigne. D'ailleurs, si cette propriété du sol n'était due qu'au fer, il serait bien facile d'en apporter aux terrains pour remédier à cet état de choses.

M. Foëx a fait sur ce sujet des expériences très intéressantes sur des Herbemonts, expériences qui lui ont permis de conclure que les sols colorés agissent par leurs propriétés physiques et non par leurs propriétés chimiques en ce qu'ils absorbent une plus grande quantité de chaleur, et que cet échauffement du sol aurait la propriété d'activer le développement radiculaire des vignes américaines.

Tout récemment, M. Joulie a expliqué que la non-adaptation du cépage au sol provenait, non pas du défaut d'absorption des racines, mais bien d'une utilisation insuffisante des matières absorbées. C'est le développement aérien qui ne marcherait pas de pair avec l'absorption souterraine. Pour diminuer cette absorption radiculaire, il conseille de colorer le sol artificiellement par du coke, du charbon ou du sulfate de fer, afin d'activer son évaporation et le rendre plus sec, ou bien encore, pour arriver plus vite à ce résultat, d'ensemencer les terrains plantés avec de la moutarde ou du colza ; ces plantes auraient en même temps la propriété d'utiliser l'excédent des principes nutritifs, qui seraient rendus au sol en les enfouissant plus tard par un léger labour.

Enfin, encore plus récemment, M. Chauzit a présenté une étude sur l'adaptation au sol des vignes américaines, dans laquelle il établit que c'est le carbonate de chaux sous un certain état physique qui est la cause de la sensibilité excessive des terrains, qu'il est le régulateur de l'adaptation. Il précise même davantage en donnant le tableau suivant, qui résume son travail :

Proportions de carbonate de chaux contenues dans les terrains.	Vignes américaines qui y prospèrent le mieux.
Moins de 10 p. %. . .	La plupart des vignes américaines.
De 10 à 20 p. %. . . .	Riparia, Taylor, Vialla.
De 20 à 30 p. %. . . .	Jacquez, Rupestris, Solonis.
De 30 à 40 p. %. . . .	Champin, Othello.
De 40 à 50 p. %. . . .	Monticola.
De 50 à 60 p. %. . . .	Vitis Cinerea, Vitis Cordifolia.
Plus de 60 p. %. . . .	Vitis Berlandieri.

Avant de connaître la composition des terrains d'Amérique où prospèrent les vignes que nous possédons aujourd'hui, nous savions que dans les sols argilo-siliceux ou silico-argileux la réussite des vignes était certaine, que dans les sols argilo-calcaires on a encore des chances de succès, tandis que dans les sols calcaires il faut agir avec prudence. Maintenant que nous avons , grâce à M. Chauzit, la composition des terrains où viennent les vignes américaines, les règles générales qu'il donne dans son tableau faciliteront, dans une large mesure, le choix du cépage pouvant convenir à vos terrains.

Vous pourrez toujours, Messieurs, vous baser d'ailleurs sur les plantations déjà faites dans le département, soit en producteurs directs, soit en porte-greffes, et vous fier aux caractères que nous allons décrire de chaque plant.

*
* *

Les producteurs directs cultivés ici avec chance de succès sont : le Jacquez, l'Herbemont et l'Othello. Nous allons les passer en revue.

JACQUEZ

Le Jacquez est le cépage qui réussit le mieux dans le plus grand nombre des sols de Vaucluse. Ce n'est que dans les milieux excessivement humides et dans les sols très calcaires et très secs qu'il occasionne des déceptions. Dans les bons terrains il donne des rendements assez élevés, surtout si on a le soin de lui faire subir une taille à long bois. Une taille qui donne d'excellents résultats sans épuiser la souche est la taille au gobelet à cerceau, qui n'exige aucune dépense supplémentaire, comme cela a lieu pour les tailles Cazenave et Guyot, etc.

Fig. 1.— Taille au gobelet à cerceau.

Cette taille, faite lorsque la souche prend sa cinquième feuille, consiste à conserver quatre bras, à en tailler trois à deux yeux francs et à recourber ensuite le quatrième en forme de cerceau, en le faisant passer au-dessus du cep pour l'attacher au pied par un lien d'osier (fig. 1). La souche est rendue plus fructifère, le cerceau ainsi formé ayant pour objet d'entraver la circulation de la sève en vertu d'un principe de physiologie végétale qui porte que, toutes les fois que sur un végétal fructifère on entrave par un moyen quelconque la circulation de la sève, cette dernière, au lieu de se porter à bois se porte à fruit. L'année d'après on supprime le cerceau en taillant ce bras à deux yeux francs et on le reforme avec le sarment du bras suivant, et ainsi de suite chaque année.

On a accusé le Jacquez de produire un vin dont la couleur, au contact de l'air, s'altérait rapidement et du rouge vermeil passait au bleu ou au jaune violet. Ceci est vrai si l'on ne fait pas usage des moyens suivants, qui consistent à rendre, au moment de la vendange, au Jacquez à l'état de maturité complète, l'acide tartrique qu'il a perdu en mûrissant. D'après M. Bouffard, professeur à l'école d'agriculture de Montpellier, il convient d'ajouter par 1.000 kilos de vendange, soit :

1º 2 kilos de plâtre

2º 0,800 de sel marin

3º 0,300 d'acide sulfurique

4º 1 kilo d'acide tartrique

ou mieux encore d'associer les deux kilos de plâtre au kilo d'acide tartrique ; le résultat obtenu est encore meilleur.

Si on veut éviter l'emploi de ces matières, il n'y a qu'à mélanger les raisins de Jacquez par tiers ou par quart avec ceux de nos variétés françaises ; on obtient alors un vin brillant et excellent. On pourrait encore, pour conserver à la vendange un peu d'acidité, récolter les raisins avant leur complète maturité, seulement le vin obtenu, tout en étant plus stable, serait moins alcoolique.

Le Jacquez est très sujet aux maladies cryptogamiques, mildiou des feuilles, de la grappe, anthracnose, ce qui l'aurait fait très probablement délaisser comme producteur direct, si l'on n'avait trouvé les traitements au sulfate de cuivre contre le mildiou et les traitements au sulfate de fer contre l'anthracnose. Grâce à eux, en effet, aujourd'hui vous pouvez garantir vos vignobles des atteintes de ces maladies, à la condition toutefois que ces traitements seront faits préventivement, c'est-à-dire avant leur apparition.

Plusieurs applications étant nécessaires pour ces maladies, il faudra, pour le mildiou, faire la première vers le 5 mai et les autres en juin, juillet et août. Pour l'anthracnose, il faudra badigeonner les souches au sulfate de fer en hiver (50 kilos de sulfate de fer, 100 litres d'eau et 1 litre d'acide sulfurique), puis à partir du mois de mai faire des soufrages répétés de soufre mélangé à 1/4 ou 1/5 de chaux.

On nous a demandé plusieurs fois s'il existait plusieurs variétés de Jacquez qui seraient les unes fructifères et les autres non fructifères. Il n'en existe qu'une seule ; si l'on a des différences de production dans les plantations, il faut l'attribuer à la plantation des boutures tirées des extrémités des sarments, ce qu'on faisait lorsque le prix du Jacquez était élevé ; ce sont ces boutures qui, mal aoûtées, donnent des souches caduques ; on arrivait au même résultat lorsqu'on tirait le bois de ces souches mêmes. Par conséquent, si l'on veut avoir des Jacquez fructifères, il faut opérer une sélection comme on faisait auparavant pour les cépages français.

Il existe deux sous-variétés, dont l'une, le Saint-Sauveur, a été obtenue d'un semis de Jacquez en 1879 par M. Gaston Bazille.

Voici, d'après M. Ravaz, les aptitudes de ce plant:

« Le Saint-Sauveur débourre à peu près en même temps que le Jacquez. La floraison est plus hâtive, de même que la maturité, qui devance de deux ou trois jours celle du Petit-Bouschet et de 15 à 20 jours celle de la plupart des cépages méridionaux cultivés pour la cuve. Les fleurs nouent facilement, sans donner naissance à des grains millerandés. Aussi la fertilité du Saint-Sauveur est-elle très grande. Ses grappes nombreuses, grosses et à grains juteux, donnent un moût très sucré. Le vin est alcoolique, franc de goût, et d'une belle coloration rouge qu'on obtient facilement sans recourir à des procédés de vinification spéciaux. »

Nous pouvons d'ailleurs vous renseigner nous-même sur la composition du vin de Saint-Sauveur, ayant eu l'occasion d'en faire l'analyse lorsque cette description a paru:

Intensité colorante rapportée au vin d'Aramon...	6 ar.	
Densité..	998	00
Alcool..	10°7	
Acidité totale exprimée en SO^3,HO.	2g.442	
Crême de tartre.	2	120
Extrait sec à 100°..	26	530
Extrait sec dans le vide à la température ordinaire.	29	300
Glycérine.	9	70
Cendres solubles.	2	70
— insolubles.	1	20
— totales.	3	90

Les résultats sont rapportés à 1 litre de vin. Le vin analysé provenait de souches de Saint-Sauveur de trois et quatre ans cultivées sur les coteaux de Pérols (Hérault).

Nous continuons la citation :

« Ces quelques indications montrent que le Saint-Sauveur est un excellent raisin de cuve, tant pour le Midi de la France que pour les régions plus humides de l'Est ou de l'Ouest, où sa précocité en permettra la culture ; son vin, qui ne présente aucun des défauts de celui du Jacquez, sera avantageusement utilisé pour le coupage.

« Il reste, toutefois, une question importante à résoudre : celle de sa résistance au phylloxera. La souche mère est plantée depuis neuf ans au milieu d'une vigne de Jacquez soumise à la même culture ; elle porte des phylloxeras sur ses racines, comme on en trouve, d'ailleurs, sur le Jacquez dont elle est issue, sans paraître en souffrir. Il est vrai qu'elle est placée dans un terrain de bonne qualité, où la résistance est plus facile ; mais d'autres souches plantées depuis trois ou quatre ans, dans un sol caillouteux et sec, se comportent également bien. Ces quelques faits semblent indiquer que la résistance de ce cépage aux attaques du phylloxera est probable ; mais ils ne sont pas encore suffisants pour l'établir d'une façon certaine.

« Par contre, il est réfractaire aux attaques du mildiou. En 1883, 1884, 1885, cette maladie a détruit la récolte des Jacquez ; les Saint-Sauveur plan-

2

tés dans les mêmes conditions n'ont pas été atteints. Ses feuilles portent parfois quelques touffes des fructifications du peronospora, mais elles ne paraissent pas en souffrir.

« Le Saint-Sauveur reprend facilement de bouture. Soumis à la taille courte, il donne de bons résultats ; dans les milieux très riches, il sera sans doute avantageux de lui appliquer une taille longue. Dans quels terrains devra-t-on le planter ? Ici, de même que pour tous les cépages d'origine américaine, se pose la question de l'adaptation, laquelle ne pourra être résolue qu'à la suite d'expériences nombreuses et de longue durée. — Il sera bon de faire seulement des essais dans les sols peu fertiles, dans ceux où les vignes américaines se chlorosent d'ordinaire, et de réserver les plantations plus importantes pour les terres de bonne qualité. »

L'autre sous-variété, connue sous le nom de Lenoir, est d'une adaptation difficile, ce qui l'a fait délaisser.

Nous reviendrons plus loin sur les caractères du Jacquez considéré comme porte-greffe.

HERBEMONT

L'Herbemont n'occupe qu'une surface très restreinte dans le département, cela provient de ce qu'il ne s'accommode pas de tous les terrains. Il lui faut en effet des terrains s'échauffant facilement, tout en gardant un certain degré de fraîcheur en été ; c'est surtout dans les sols d'une coloration rougeâtre

qu'il se plaît Il présente beaucoup plus de diffi-
culté pour l'enracinement que le Jacquez; aussi
est-il préférable de planter des racinés. Il exige une
taille à long bois que l'on peut palisser sur fil de fer,
il donne alors des rendements assez élevés.

Son vin est d'une couleur beaucoup moins in-
tense que celle du Jacquez; mais, tout en étant aussi
alcoolique, il a en outre l'avantage d'être plus fin et
de faire office d'un bon vin de table.

Ce cépage est un des moins exposés aux atteintes
du mildiou.

OTHELLO

L'Othello demande pour bien se développer des
sols profonds, frais et fertiles; ceux argilo-calcaires
secs lui sont funestes.

Il reprend facilement de bouture et exige une
taille sévère pour éviter l'épuisement de la souche.

Il n'est guère cultivé ici, quoique venant très bien
dans la plupart des terrains de Vaucluse; il présente
certains inconvénients qui le tiennent en défaveur :
ses sarments très cassants sont exposés à être enlevés par le vent; il craint le grillage, par ce fait que
les feuilles de la base des sarments sèchent sous
l'influence du soleil et laissent les raisins à décou-
vert; son vin, quoique très coloré, possède un goût
foxé, qu'on peut cependant atténuer en vendangeant
avant la complète maturité ou bien encore en faisant subir au vin plusieurs soutirages; enfin ses
raisins sont sujets au mildiou.

Sa résistance au phylloxéra est aujourd'hui considérée comme certaine dans les terrains qui lui conviennent, bien qu'elle ait été longtemps considérée comme douteuse.

SECRETARY

Quoique peu répandu encore dans le département, nous tenons à vous signaler cet autre producteur direct, le Secretary, comme donnant des résultats dans le champ d'expériences du comice de Carpentras depuis 5 ans. Il donne un raisin noir, volumineux, produisant un vin d'un goût non foxé, d'une couleur foncée, assez alcoolique. Les rendements sont satisfaisants. Il est peu accessible au mildiou.

*
* *

Bien que nous venions de citer, Messieurs, ces producteurs directs, vous devez vous attacher de préférence aux porte-greffes qui vous permettront de conserver et de maintenir la réputation de vos anciens crus.

Les porte-greffes les plus employés dans le département étaient, au début, les Clintons et les Taylors; mais, comme à ce moment on ne tenait guère compte de l'adaptation, beaucoup d'agriculteurs se sont vus obligés d'arracher la plupart de leurs plantations, ce qui a retardé l'extension des vignes américaines. On trouve cependant des Taylors qui ont très bien résisté et qui sont greffés, comme nous l'avons dit plus haut, depuis 10 à 12 ans.

Aujourd'hui, les porte-greffes les plus répandus et que nous devons vous conseiller sont : le Jacquez, le Riparia, le Solonis, le Rupestris et le York-Madeira.

JACQUEZ

Le Jacquez, bien que bon producteur direct, doit être conseillé comme porte-greffe et être greffé avec des variétés du pays, qui augmentent sa production. Dans les vignobles que nous avons visités, nous avons vu des greffes sur Jacquez de 7 et 8 ans qui ne laissaient rien à désirer; dans l'Hérault, il en est de même : toutes les greffes de Jacquez que nous avons vues ne différaient en rien de celles des Riparia .

Nous ajouterons même que la fructification de ces greffes est plus régulière, c'est-à-dire qu'elle va en augmentant jusqu'à sa production normale, tandis qu'au contraire il arrive très souvent chez le Riparia, que les premières années de greffage on obtient des récoltes fabuleuses qui entraînent l'épuisement de la souche, et, si le terrain n'est pas de première qualité, les greffes ne tardent pas à décliner. Le seul moyen de ne pas en arriver à cette extrémité, c'est de faire à ce moment-là une taille sévère.

Le Jacquez a l'avantage de pouvoir être greffé à tout âge, de sorte que les propriétaires qui ne seront pas contents de la production du Jacquez producteur direct pourront avoir recours au greffage et seront toujours sûrs de le réussir.

Si par un accident quelconque le greffage échouait, le pied émettant des drageons, on n'aurait qu'à conserver le plus vigoureux, que l'on attacherait à un piquet, et la souche se trouverait ainsi régénérée.

RIPARIA

Ce porte-greffe, quoique très répandu, exige, pour donner de bons résultats, un terrain bien ameubli, frais et profond. C'est à tort que dès le commencement on le considérait comme le plant des terrains pauvres et calcaires, ce qui a créé beaucoup de déceptions et l'a fait considérer avec juste raison comme étant un des plus difficiles au point de vue de l'adaptation. Aussi aujourd'hui faut-il compter avec la nature physique du sol et du sous-sol avant d'entreprendre la plantation du Riparia. C'est ainsi, par exemple, que dans les sols à cailloux roulés et rougeâtres de Vedènes et de Morières, dont le sous-sol est à cailloux siliceux cimentés entre eux par un ciment calcaire en partie friable, les Riparias y viennent bien les premières années, mais aussitôt que les racines arrivent à cette couche blanchâtre, ils se chlorosent, et finalement ne tardent pas à périr. Il faut donc, pour ne pas en arriver là, non seulement se baser sur la couleur du sol, mais encore sur la composition physique du sous-sol.

Indépendamment du sol, il faut aussi tenir compte de la variété de Riparias que l'on devra adopter, car on sait qu'il en existe un grand nombre de variétés, les unes donnant d'excellents résultats, les autres disparaissant ou restant chétives dans les mêmes terrains.

M. Foëx a classé les Riparias en quatre catégories :

1º *Les Riparias tomenteux,* variété très vigoureuse, qui végète le plus convenablement en terrain humide ;

2º *Les Riparias glabres,* qui aiment les terrains un peu secs ;

3º *Les Riparias glabres à feuilles épaisses,* qui semblent les plus résistants à la chlorose ;

4º *Les Riparias à petites feuilles,* qu'il faut sévèrement exclure des plantations.

On ne saurait donc trop prendre de précautions pour le choix d'un bon Riparia, si l'on ne veut pas avoir des mécomptes dans les plantations.

Le Riparia reprend facilement de bouture et demande à être greffé dès son jeune âge, dès la première année si l'on peut y adapter un greffon d'une grosseur moyenne, tout au plus dès la deuxième année dans le cas contraire.

Ne pas oublier que la seconde année de greffage la souche est souvent très fructifère ; ce qui est anormal et l'épuise, et qu'on doit, pour modifier cette vigueur, opérer une taille sévère pendant les premières années pour assurer la longévité de l'arbuste.

SOLONIS

Le Solonis présente plus de chances de succès dans la plupart des sols du département que le Riparia, aussi y joue-t-il un très grand rôle dans la reconstitution du vignoble. Dans les sols de Vedènes, que nous citions tout à l'heure, il y vient très bien, fait qui dénote déjà qu'il n'est pas aussi réfractaire que le Riparia. Dans les milieux argileux, frais et humides, c'est le plant qui se développe le mieux. C'est un des rares cépages qui aient végété dans les sols argilo-calcaires des Charentes.

Il reprend très bien de bouture, surtout si on a soin de ne planter que le bois de grosseur moyenne. Il demande à être greffé jeune.

Ici pas de sélection à opérer, puisqu'il n'existe qu'une seule variété de Solonis.

RUPESTRIS

Cette variété est appelée à rendre de grands services dans dans les milieux secs et arides. Elle est encore peu répandue, mais les résultats qui ont été obtenus dans le département nous permettent de la considérer comme un porte-greffe de la plus grande valeur.

Nous trouvons le Rupestris dans les terrains cailouteux de coteaux exposés à la sécheresse, et dans les terrains où le sous-sol peu profond est formé de marne blanche; mais il dépérit dans les sols froids et humides. Dans les sols de bonne qualité il donne aussi d'excellents résultats.

Il reprend plus difficilement de bouture que le Riparia et le Solonis, et il grossit plus lentement, dès les premières années, ce qui fait qu'on ne doit le greffer qu'à sa seconde feuille. Il faut avoir soin de préférer pour ce plant la greffe anglaise, afin d'éviter la formation des drageons. Dans le Rupestris, on trouve plusieurs types comme dans les Riparias ; ceux qui sont à feuilles épaisses et bien développées doivent être préférés à cause de leur grande vigueur.

MM. Millardet et de Grasset ont obtenu avec cette variété des sous-variétés, au moyen de l'hybridation. Ces hybrides auraient, d'après eux, la propriété de s'adapter dans les sols calcaires et secs. Les principaux obtenus sont :

Le Cordifolia-Rupestris

Le Riparia-Rupestris

Le Cinerea-Rupestris

Le Berlandieri-Rupestris

On ne peut encore prédire l'avenir de ces nouveaux plants, encore en essai dans ces terrains.

YORK-MADEIRA

L'York-Madeira est le cépage par excellence des terrains pauvres et peu profonds, il possède, à peu de chose près, les mêmes qualités que le Rupestris. Il reprend peut-être mieux de bouture, mais il grossit encore plus lentement ; c'est pourquoi on

devra y greffer des variétés à bois serré, comme,
par exemple, le Carignan ou plant dur.

D'après les observations de M. Pierre Viala, les
porte-greffes qui offrent le plus de chance de réussite dans les terrains calcaires et marneux identi-
ques à ceux de la Charente, sont :

> Le Vitis-Berlandieri
>
> Le Vitis-Cinerea
>
> Le Vitis-Cordifolia

Ses conclusions sont basées uniquement sur l'ob-
servation des milieux dans lesquels croissent ces
vignes aux États-Unis.

Ces variétés ont un défaut, c'est de reprendre difficilement de bouture quand on les multiplie par les
procédés habituels. Elles peuvent se reproduire par
semis ou par bouture à un œil, procédés qui exigent
des soins particuliers. Ces sortes de boutures se
font sur couche, comme nous le verrons plus loin.

*
* *

Pour la réussite d'un vignoble, on doit se préoc-
cuper, après avoir fait choix d'une bonne variété,
des moyens pratiques pour lui faire acquérir le plus
de végétation et de fructification possible, ce qui
nous amène à vous parler, Messieurs, du bouturage
et des différents modes de plantations.

BOUTURAGE

Le bouturage est le procédé le plus communément employé pour la multiplication de la vigne ; seulement, certaines variétés américaines présentant des difficultés à l'enracinement et occasionnant trop de manquants dans une vigne, on met les boutures en pépinière et on ne les met en place qu'une fois enracinées : de là, deux moyens de plantations ; l'un au moyen de boutures pour les cépages d'une reprise facile, l'autre au moyen de racinés pour les cépages d'une reprise difficile.

La bouture est un fragment de sarment se composant d'un ou plusieurs yeux, que l'on met en terre pour le faire enraciner.

On doit faire un choix pour les boutures ; si l'on a affaire à des producteurs directs, on ne doit les prendre que sur des souches très fructifères, que l'on a eu soin de sélectionner pendant leur végétation et de marquer pour pouvoir les reconnaître ; si l'on a affaire à des porte-greffes, on doit tenir compte de la vigueur et ne multiplier que les pieds dont les sarments ont un diamètre d'une grosseur moyenne de 9 ou 10 millimètres. Ces sarments seront enlevés au moment où les souches ont perdu complètement leurs feuilles, c'est-à-dire à la fin de toute végétation.

Les sarments enlevés sont coupés en fragments de 0m,50, longueur que doit avoir une bouture, et mis ensuite en stratification dans le sable pour leur assurer une bonne conservation. Cette dernière opération est des plus simples. On creuse dans un cellier, par exemple, une fosse dont la profondeur et la largeur varient suivant la quantité de boutures que l'on a à conserver. On y met une couche de sable sec et par dessus une couche de plants placés horizontalement, puis encore une couche de sable et une autre couche de plants, et ainsi de suite jusqu'à épuisement des boutures. On termine alors le tas par une couche épaisse de sable que l'on recouvre de terre. L'air et la chaleur ne pouvant dès lors arriver jusqu'au bois, sa vitalité se trouve stationnaire.

Lorsque arrive le moment de faire usage de ces boutures il faut avoir soin de ne retirer du sable que celles qui se planteront dans la journée, de les mettre à l'abri du soleil et de l'air en les enveloppant pendant le trajet d'une toile mouillée, puis, à l'arrivée au champ, de les mettre en terre pour les retirer au fur et à mesure des besoins. On peut encore les retirer du sable la veille et les mettre alors à tremper.

On emploie plusieurs formes de boutures : la bouture à un œil, la bouture à crossette, la bouture à talon et la bouture à rameau ordinaire.

La **bouture à un œil,** qui est obtenue par le semis des yeux, coupés isolément, est aujourd'hui employée pour des plants à reprise difficile. Ce semis est fait en avril sous bâche ; au fond on met une couche de fumier de cheval épaisse de 0m30 à 0m40, que l'on tasse fortement, on met au-dessus une couche de sable mélangé à du terreau, d'une épaisseur de 0,25 à 0,30. Le tout est recouvert par des châssis.

Les yeux sont mis à 6 ou 8 centimètres les uns des autres, dans des rigoles creusées dans le sable et profondes de 2 à 3 centimètres. On laisse entre les rigoles un espace de 8 à 10 centimètres, on recouvre les yeux avec du sable et on tasse un peu avec la main. Dans le courant de la végétation, on soulève fréquemment les châssis pour habituer les plants au contact de l'air ; en août, ils sont alors repiqués en pépinière dans un sol bien ameubli et fertile. Ils pourront être greffés au printemps, ou bien être mis en place vers la fin de leur première année.

La **bouture à crossette** porte à sa base une portion du courson sur lequel elle a pris naissance. Ces boutures étaient préférées autrefois, parce que à l'empâtement du sarment se trouve un très grand

nombre de bourgeons à l'état latent, donnant naissance à des racines nombreuses. Elle offre pourtant
des inconvénients : le bois qui accompagne le sarment peut pourrir, et enfin on ne peut exécuter les
plantations au pal. Pour éviter ces inconvénients,
on n'a qu'à supprimer le bois de l'année d'avant
qui forme crossette, et l'on a la **bouture à talon**,
qui est à conseiller toutes les fois qu'on peut en
faire usage, à cause de la facilité avec laquelle elle
peut s'enraciner.

Depuis l'apparition du phylloxéra, le bois man-
quant, on est obligé d'utiliser non seulement la base,
mais les autres parties du sarment ; on forme alors
la **bouture ordinaire**, qui pour donner les meilleurs résultats, doit être fournie par des sarments
bien aoûtés et d'une grosseur moyenne.

*
* *

Pour faciliter la reprise des boutures, on leur
fait subir avant leur plantation différentes prépara-
tions. On opère le décorticage de la base, opération
qui consiste à enlever simplement quelques laniè-
res d'écorce au bas de la bouture, pour favoriser
l'émission des racines.

On pratique aussi l'écrasement ou la torsion ;
mais ces opérations, tout en étant barbares, présentent le grave défaut de laisser pénétrer par les fen-
tes que l'on produit l'humidité, et le bois peut
pourrir.

Une autre précaution essentielle à retenir, consiste à couper la bouture à sa base, immédiatement au-dessous d'un œil.

La plantation des boutures doit être tardive, pour éviter les froids; on peut la commencer au mois de mars dans les terrains secs et bien exposés, mais si le terrain est froid et humide, il faut attendre fin avril et mai. On a soin de bien conserver les boutures en stratification.

Quant à la plantation des pieds enracinés, elle peut se faire à deux époques différentes, en automne dans les terrains secs, aussitôt après la chute des feuilles, et au printemps dans les terrains humides, dès que le sol s'est ressuyé, autant que possible avant le départ de la végétation.

*
* *

La préparation du sol est faite par un bon défoncement, et on attend pour cela les pluies; afin que l'opération soit d'une exécution plus facile, on choisit les mois d'octobre et novembre. Il faut, dans tous les cas, que ce défoncement, d'une profondeur de 40 à 50 centimètres, se fasse avant l'hiver, pour que le sol ait le temps de subir l'action du gel et du dégel.

Dans le défoncement d'un sol, on peut se proposer trois choses : incorporer le sol au sous-sol, ramener le sous-sol à la surface, enfin retourner la terre sur place.

Pour les premiers défoncements, on se sert des charrues Dombasle et Bonnet, et de la charrue Brabant ; ces charrues peuvent aller jusqu'à une profondeur de 40 à 50 centimètres. Cette opération doit se faire toutes les fois que le sous-sol est de même composition que le sol.

Pour les seconds, on fait suivre deux charrues ; l'une tourne la couche supérieure du sol, et l'autre, qui est ordinairement la charrue Brabant, passe dans le sillon ainsi ouvert et ramène le sous-sol au-dessus de la bande déjà retournée. Cette opération doit se faire lorsque le sous-sol est plus riche que le sol.

Pour les troisièmes, qui peuvent être faits à bras ou à la charrue, on retourne simplement la surface du sol. Si l'opération est faite au moyen de la charrue, on pourra en même temps ameublir le sous-sol sur place en faisant suivre dans la raie une autre charrue dite fouilleuse, qui se distingue des autres, parce qu'elle n'a pas de versoir, c'est simplement une dent terminée en fer de lance qui remue le sous-sol sans le déplacer. C'est l'opération qui est nécessaire lorsque le sous-sol est de mauvaise nature.

On peut faire usage aujourd'hui pour les labours de défoncement, afin de diminuer la main d'œuvre, de charrues fonctionnant soit au moyen de machines à vapeur, soit au moyen de treuils mus par un ou deux chevaux.

*
* *

Nous avons maintenant à considérer le meilleur mode de plantation.

Les plantations peuvent être faites suivant trois formes :

1º La plantation en lignes ;

2º La plantation en carré ;

3º. La plantation en quinconce.

La plantation en lignes était exclusivement usitée dans les anciens vignobles du département, elle portait le nom de plantation à la provençale. Elle était faite en lignes simples, doubles ou quadruples, et on y faisait, dans la plupart des cas, des cultures intercalaires de blé, d'avoine, de pommes de terre, de légumes, etc.

Les souches, dans ce mode de plantation (fig. 2), sont placées à une distance de 0,75 à 0,80 les unes des autres, et les lignes sont séparées par une distance de 3 à 4 mètres. Cette plantation a été reconnue défectueuse, parce qu'elle ne permet pas à la vigne d'étendre d'une manière uniforme ses racines de tous côtés, ce qui lui procure une végétation anormale et nuit à l'abondante fructification des souches. On peut en effet comparer la surface

Fig. 2. — Plantation en lignes.

3

occupée par les racines à un cercle ; si la distance entre les souches est faible, le cercle se trouve rétréci, et l'accroissement est gêné par le contact des racines voisines ; la végétation alors s'arrête et est languissante. La fructification devient moins abondante, ainsi que l'a démontré M. Marès, en établissant que le produit des vignes dans ces conditions était inférieur d'un cinquième à celui des vignes plantées en carré.

Ce mode de plantation délaissé aujourd'hui est remplacé par les deux autres systèmes que vous voyez occuper une plus grande place dans le département.

Dans la **plantation en carré** (fig. 3), la souche est placée au sommet d'un des angles du carré, de telle sorte que les racines pourront beaucoup mieux occuper le sol et ne seront pas arrêtées dans leur développement, puisque leur accroissement peut continuer jusqu'au moment où les cercles qu'elles occupent deviennent tangents dans les quatre directions, ce qui permet au sol d'être mieux utilisé.

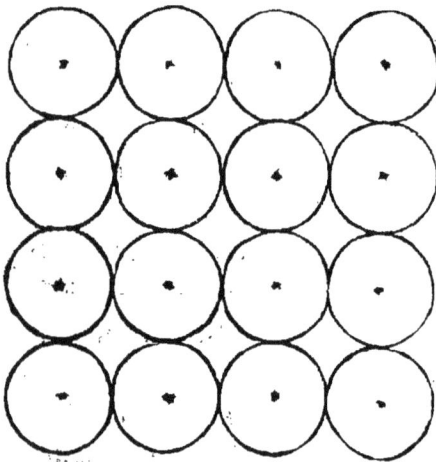

FIG. 8. — Plantation en carré.

L'écartement à donner aux souches dans les bons

terrains est de 1 m. 50 pour les porte-greffes et 1 m. 75 pour les producteurs directs; dans le premier cas, il y a 4,444 souches à l'hectare, et dans le second 3,269.

Le tracé de cette plantation (fig. 4) est des plus simples, fait à l'aide d'un rayonneur double. Supposons une terre de forme rectangulaire, A B C D, on établit parallèlement à A B des jalons indiquant la place où doit se trouver la première rangée de souches. On abaisse une perpendiculaire à son extrémité, parallèle à A C, pour marquer aussi la première rangée de souches de ce côté. Ces deux lignes étant tra-

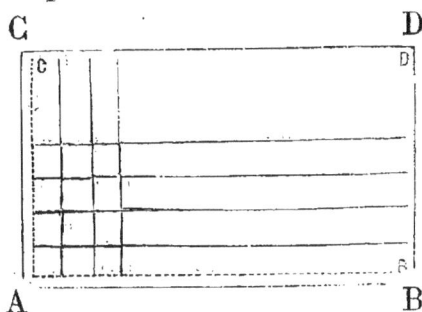

FIG. 4. — Tracé de la plantation en carré.

cées, il ne s'agit plus que de placer le rayonneur perpendiculairement à A B, de manière que l'une des branches du rayonneur en glissant passe sur la ligne A C, pendant que l'autre branche tracera une ligne parallèle à la distance que l'on aura choisie et qu'on aura eu soin de donner au rayonneur. On recommence l'opération de cette manière jusqu'au bout du champ. On obtient le croisement des lignes, dont le point d'intersection marque la place de la souche, en replaçant le rayonneur perpendiculairement à A C, la première branche glissant sur la ligne A B; on continue ainsi jusqu'à l'autre extrémité du champ.

Dans les terrains caillouteux, où le rayonneur fonctionne difficilement, on doit faire usage du cordeau.

La plantation en carré permet d'exécuter des labours dans deux directions.

La **plantation en quinconce** (fig. 5) réalise les meilleures conditions pour arriver à une production maximum de souches. Considérées par groupe de trois, elles occupent les angles d'un triangle équilatéral , et par groupe de quatre, ceux d'un losange ; elles sont réparties sur le sol d'une manière parfaite; aussi l'espace perdu par les racines est-il des plus réduits. Le nombre des souches par hectare est aussi augmenté : avec un écartement de 1 m. 50 on a 5,132 souches à l'hectare ; avec celui de 1 m. 75, il est de 3,770.

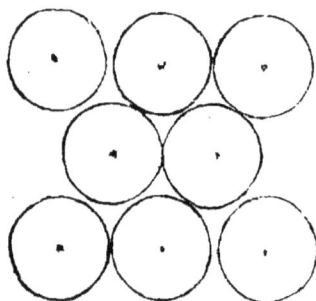

Fig. 5.— Plantation en quinconce.

Le tracé de la plantation en quinconce peut se faire de diverses manières. Voici celui qui nous paraît le plus simple :

Supposons un champ de forme rectangulaire, A B C D, dont les lignes *a b*, *a c*, marquent la première rangée de souches (fig. 6). Au point *a*, mar-

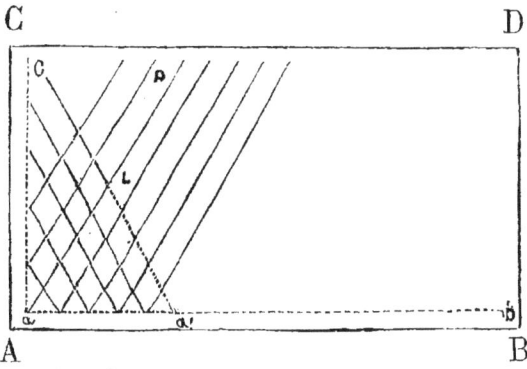

C   D

A   B

Fɪɢ. 6.— Tracé de la plantation en quinconce.

quant la première souche, nous tirons une ligne oblique au moyen de jalons, formant avec la perpendiculaire *a c* un angle aigu, qui variera suivant l'écartement à donner aux souches. Mais il faut déterminer la direction de cette ligne oblique ; pour cela, nous prenons sur la ligne *a b* une longueur déterminée comprise entre six souches, plus si l'on veut, *a a'*, au moyen d'un cordeau ; nous doublons cette longueur et faisons un nœud à l'extrémité et au milieu ; nous reportons l'extrémité qui se trouvait à *a* en *a'* et nous tendons la corde de manière que l'autre bout vienne en *a*. Le point que marque le nœud *l* sera le point où devra passer l'oblique partie de *a*, que l'on prolongera jusqu'au haut du champ *p*. On place alors un des bras du rayonneur sur cette oblique, pour continuer à en tracer avec l'autre jusqu'à la fin du rectangle, soit d'un côté, soit de l'autre de la ligne *a l p*.

Enfin, pour obtenir l'intersection, c'est-à-dire le point où devront se trouver les souches, on n'a qu'à prolonger l'oblique *a' l* jusqu'à l'extrémité du champ. Le point *a'* étant la place de la sixième souche, il s'agit de faire cinq obliques parallèles et à continuer de l'autre côté, en prenant le même écartement des souches que l'on a adopté pour faire ces obliques. On obtiendra ainsi les croisements voulus.

Avec cette plantation on peut faire les labours dans trois directions différentes ; aussi est-elle à conseiller dans les vignobles d'une assez grande étendue.

*
* *

La mise en place des boutures peut se faire de différentes manières : par fosse, au pal, à la bêche et par tranchées continues.

La **plantation par fosse** consiste à creuser au croisement des lignes une fosse d'une longueur déterminée par une fiche de fer que l'on a eu soin préalablement d'enfoncer au point où devra être mise la bouture. Cette longueur est ordinairement de 0,30 et la largeur de la fosse est aussi de 0,35 à 0,40. La fiche enlevée est remplacée par la bouture dont on coude le talon avec le pied avant de la recouvrir de terre ; on peut même à ce moment y mettre un peu de fumier qui facilitera son développement.

Cette mise en place est indispensable pour les plants racinés dont on doit enlever auparavant les racines qui ont pu être meurtries pendant l'arrachage et de bien étaler les autres dans le fond de la fosse.

La **plantation au pal** ne peut se faire que dans les terrains légers et non argileux. On se sert pour cette opération d'un pal en fer, sorte de tige cylindrique pointue en bas et munie en haut d'une traverse en bois servant à l'enfoncer.

On l'introduit dans le sol jusqu'à une profondeur de 0,30, et une fois le pal retiré, la bouture est placée dans le trou qu'il a formé ; ce dernier est rempli avec de la terre seule ou bien, ce qui vaut encore mieux, mélangé avec du terreau ou des cendres, et on tasse fortement.

Dans ce mode de plantation, qui ne peut avoir lieu que pour les boutures, on doit viser surtout à tasser fortement la base de la bouture pour en assurer la reprise.

Les **plantations à la bêche** et par **tranchées continues** ne sont employées que dans la création des pépinières, où les boutures sont, dans ce cas, très rapprochées.

Dans ces différents systèmes de plantation, ne pas négliger de ramener la terre contre la bouture pour l'empêcher de se dessécher et la préserver de l'action des gelées.

*
* *

DU GREFFAGE

———

Les plantations effectuées et les boutures ayant acquis une certaine végétation dans l'année, le greffage peut avoir lieu dès l'année suivante.

Il consiste à prendre un fragment de rameau pourvu d'un ou de plusieurs bourgeons appelé greffon, pour l'insérer sur un autre végétal appelé sujet ou pied.

Pour que cette opération puisse réussir, il faut que le sujet et le greffon aient une certaine analogie, c'est-à-dire qu'on ne pourra greffer que des variétés de la même espèce ou des espèces du même genre. Voilà pourquoi tous les essais que l'on a voulu tenter pour essayer de faire vivre la vigne sur des arbustes et des arbres, tels que la ronce, l'églantier, la clématite, le mûrier, ont échoué, bien que plusieurs propriétaires aient affirmé avoir réussi : c'est qu'ils n'avaient pas remarqué que le greffon vivait de ses propres racines et que celles du sujet avaient pourri au bout de quelque temps.

Nous avons vu que les meilleurs porte-greffes pour les différents sols du département étaient le

Jacquez, le Riparia, le Solonis, le Rupestris et le York-Madeira ; les plants du pays tels que le Carignan ou plant dur, le Morrestel, la Clairette, le Grenache, l'Aubun, là Conoïzo, etc., ainsi que les hybrides Bouschet, et entre autres le Petit-Bouschet, l'alicante Henri Bouschet, le grand noir de la Calmette, sont les greffes qui leur conviennent.

Les sujets peuvent être greffés à tout âge chez le Jacquez, mais il n'en est pas de même pour les autres variétés, qui demandent à l'être soit à un an, soit à deux ans. Pour le Riparia, si on greffait plus tard, on s'exposerait à bien des déceptions. Par conséquent, toutes les fois que l'on aura un sujet pouvant supporter un greffon moyen, on ne devra pas hésiter. A un ou deux ans on obtient des soudures irréprochables et une reprise de 95 et même de 100 % lorsque l'opération est faite dans les conditions exigées.

Autant que possible, il faut prendre les greffons sur une souche âgée et très fructifère. On doit éviter le bois des plantiers, qui se trouve le plus souvent mal aoûté et donne du bois non fructifère. La fructification sur les souches françaises n'est pas toujours constante et égale, aussi doit-on les sélectionner au moment où elles portent le fruit.

Pour que le greffage soit fait avec chance de succès, il faut que la végétation du greffon soit en retard sur celle du sujet ; il faudra donc couper le bois avant que la sève soit en mouvement. On pourra prolonger la récolte des greffons jusqu'à fin février.

Les sarments choisis ne pouvant rester au contact de l'air sans se dessécher, on est obligé, pour les conserver jusqu'au moment du greffage, de les mettre en stratification dans du sable, de la manière que nous avons indiquée pour la conservation des boutures.

Ces greffons peuvent rester là pendant plusieurs mois et même un an sans perdre leur faculté végétative. Ce n'est qu'au moment même du greffage qu'on les tirera du sable, en ayant soin de ne pas les laisser trop longtemps exposés à l'air.

Pour s'assurer de leur bonne conservation et en même temps de leur vitalité, on en met quelques-uns dans un verre d'eau exposé au soleil pendant plusieurs jours ; si l'on voit les bourgeons se gonfler et l'eau perler à une section faite à la partie supérieure on est assuré de leur bonne conservation ; si à quelques-uns la coupe faite au moyen de la serpette présente une couleur un peu jaunâtre ou quelques points noirâtres sur le pourtour de la moelle, c'est que le plan aura souffert, et l'on devra le rejeter.

On greffe ordinairement trop tôt ; le moment le meilleur est celui où la sève est en mouvement, on obtient alors de promptes soudures. L'époque qui remplit ces conditions et qui a donné les meilleurs résultats est comprise entre le 15 avril et le 15 mai.

On peut greffer en terre ou au niveau du sol, cela dépendra de la nature de ce dernier. S'il est argileux et humide, on devra greffer au niveau du sol ; s'il est rocailleux et sec, en terre à une pro-

fondeur de 1 à 2 centimètres. Dans les deux cas,
un buttage est nécessaire pour éviter le dessèche-
ment de la greffe.

Pour sortir les greffons du sable et opérer le gref-
ffage on devra choisir de préférence un temps cou-
vert et doux, mais non pluvieux. Il va sans dire aussi
que le sol devra se trouver dans un état très meuble
pour que le buttage se fasse dans de bonnes conditions. — Les principales greffes usitées sont :

La greffe en fente simple.
—   —   double.
—   —   pleine.
—   —   anglaise.
—   à la pontoise ou en incrustation,
—   à cheval.
—   Camuset.
—   sans étêtement du sujet ou de Cadillac.
—   bouchon ou d'Alliès.
—   à talon.
—   Fermaud.

Greffe en fente simple. — Elle se fait ordinairement sur des souches âges de plusieurs années.

On coupe le sujet ho-
rizontalement (fig. 7)
au moyen d'un sé-
cateur ou d'une scie,
mais on a eu soin
auparavant de dé-
chausser la souche ;
on le fend au moyen
d'un ciseau sur un

FIG. 7.
Greffe en fente simple.

FIG. 8.
Ciseau à greffer,

côté seulement, on arrête la fente au milieu du diamètre. Le ciseau qui sert à cette opération a la forme d'un couteau (fig. 8). On laisse ordinairement au greffon deux bourgeons, trois lorsque les mérithalles sont rapprochés. On le taille en lame de couteau les deux biseaux doivent être inégaux et ne laisser voir la moelle que d'un seul côté, afin que la partie amincie conserve une plus grande solidité. Il doit être placé un peu obliquement sur la souche de manière que les deux écorces se croisent, la pointe se trouvera ainsi à l'extérieur de la souche.

Greffe en fente double. — Lorsque la souche possède un fort diamètre, au lieu de la fendre sur un seul côté, on doit la fendre complètement (fig. 9);

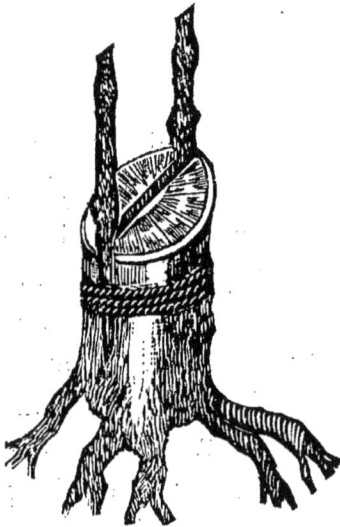

Fig. 9.— Greffe en fente double.

pour cela on appuie le ciseau au milieu de sa surface horizontale et on l'enfonce en y frappant dessus au moyen d'un petit maillet. Lorsque la fente a quelques centimètres de profondeur on retire le ciseau et on place au milieu un petit coin en bois pour la maintenir ouverte. On introduit alors aux deux extrémités un greffon, comme nous l'a-

vons déjà indiqué pour la greffe en fente simple.
Cette dernière opération faite, on enlève le coin en
bois.

Greffe en fente pleine. — Cette greffe ne peut
être faite que lorsque le greffon est de même grosseur que le sujet ; c'est donc lorsque les souches
ont un et deux ans qu'elle
peut être exécutée. La
souche est coupée au
moyen d'un sécateur, à
deux ou trois centimètres
au-dessus d'un nœud et
fendue verticalement au
moyen du greffoir jusqu'à
ce nœud. Le greffon ici
peut être taillé en enlevant
la même quantité de bois
de chaque côté, c'est-à-
dire la moelle visible sur
les deux faces (fig. 10).
Ainsi préparé, il sera en-
fermé dans la fente (fig. 11)
et fortement serré par une
ficelle.

Fig 10. — Greffon
pour la greffe en
fente pleine.

Fig. 11. — Greffe en
fente pleine.

Si l'on a soin de couper au-dessus d'un nœud, c'est
pour empêcher que le sujet ne se fende lorsqu'on
place le greffon. Il peut arriver que les mérithalles
soient longs et que le nœud se trouve trop enfoncé
dans le sol ; dans ce cas on devra avoir soin, avant

d'introduire le greffon, de placer une ligature au-dessous de la fente.

Greffe en fente anglaise. — Cette greffe doit se faire sur des sujets d'un ou deux ans, comme pour la fente pleine ; on devra l'exécuter toutes les fois qu'on le pourra, les soudures obtenues étant plus régulières et le plus souvent mieux faites qu'avec la greffe en fente.

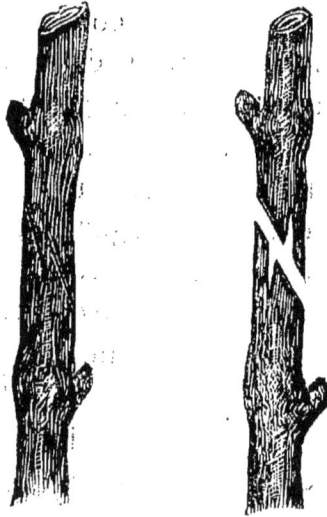

Fig. 12. — Greffe en fente anglaise.

Elle consiste à tailler le sujet et le greffon en biseau (fig. 12) que l'on fend au-dessus de la moelle pour obtenir des languettes résistantes. Aujourd'hui on a trouvé que les biseaux longs présentent plusieurs inconvénients, entre autres celui d'avoir des languettes minces qui se dessèchent facilement ; aussi préfère-t-on les biseaux courts. D'après M. Pulliat, il faut leur donner une pente de 28 à 32 p. %, ce qui correspond à un angle de 16 à 18°, et faire la fente à une profondeur de 4 à 5 millimètres. Les biseaux doivent partir de la base d'un bourgeon. Cette greffe doit être exclusivement employée pour les greffes-bou-

tures, et, pour qu'elles puissent bien réussir, il faut
que les parties mises à nu se recouvrent exactement et soient solidement maintenues par une ligature, ficelle ou raphia.

Ces deux systèmes de greffes, en fente et anglaise, sont les plus usitées ; nous croyons pourtant
nécessaire de vous décrire les autres divers systèmes.

Greffe à la Pontoise ou en incrustation. —
Au lieu de fendre le sujet sur le côté, on creuse au
moyen de la serpette ou d'une gouge spéciale une

excavation de forme tri-
angulaire, destinée à re-
cevoir le greffon (fig. 13).
On a eu soin de tailler ce
dernier, non en forme de
biseau, mais en forme de
coin triangulaire (fig. 14),
qui devra exactement s'appliquer dans l'ouverture
du sujet.

Fig. 13. — Greffe
à la Pontoise.

Fig. 14. — Greffon
préparé pour la
greffe à la Pon-
toise.

Ce système laisse beaucoup à désirer, aussi n'ob-
tient-on pas les mêmes résultats qu'avec les autres
différentes greffes.

Greffe à cheval. — On peut la comparer à la
greffe en fente renversée. Ici c'est le sujet qui
est taillé en biseau au lieu du greffon, et ce der-

FIG. 15.— Greffe à cheval.

nier qui est fendu à la place du sujet. Il ne reste plus qu'à placer le greffon de manière à ce que le biseau du sujet se trouve dans la fente (fig. 15). Pour exécuter cette greffe, il faut des pieds de même grosseur que le greffon.

Greffe Camuset. — La greffe précédente a été modifiée par M. Camuset, qui lui a donné son nom. Celle-ci diffère de la greffe à cheval en ce que le biseau du sujet est fendu verticalement (fig. 16) et que le greffon possède une languette intérieure qui pénètre dans la fente du sujet. Les surfaces en contact sont ainsi multipliées.

FIG. 16.— Greffe Camuset.

Greffe sans étêtement du sujet ou greffe de Cadillac.— Il y a quelques années, on a essayé de greffer en automne ; malheureusement ce greffage n'a pas donné partout les résultats que l'on en attendait : beaucoup de greffes échouaient, soit sous l'influence de l'humidité prolongée, soit par l'action des gelées; aussi aujourd'hui n'est-il guère employé.

Maintenant on le pratique avec un peu plus de succès en adoptant le greffage sans étêtement du sujet. Il s'exécute pendant les mois d'août et septembre, de la manière suivante : à deux ou trois centimètres au-dessus du sol on choisit une partie bien lisse que l'on entaille de haut en bas (fig. 17). Le greffon, taillé comme dans la greffe en fente simple, est introduit dans cette entaille, que l'on fixe solidement avec la ficelle. On a soin de tout enterrer avec de la terre

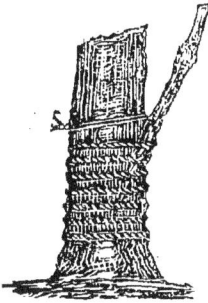

Fig. 17. — Greffe de Cadillac.

bien meuble, ou bien du sable si la terre se trouve argileuse ; par ce moyen on évite l'ébranlement du greffon par les gelées.

Au printemps, les bourgeons ne tardent pas à se développer ; on pince alors fortement ceux de la souche, et dès que le greffon a pris un certain développement, on supprime la tête du sujet au dessus de la soudure au point *s*. Si au contraire le greffage échoue, on peut le reprendre en faisant l'opération au printemps, par conséquent, avec ce système, on a deux chances de réussite.

Greffe Alliès. — Aujourd'hui on peut opérer la greffe aérienne, grâce au système de ligature qu'a adopté M. Alliès. Il consiste à envelopper la partie greffée par un bouchon divisé en deux, que

4

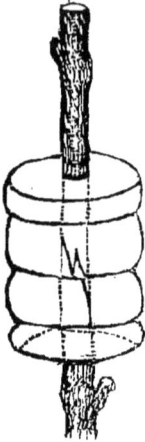

FIG. 18.
Greffe bouchon.

l'on fixe au moyen de trois fils de fer (fig. 18). Cette opération est faite au moyen d'une pince en forme de tenaille, dans les mâchoires de laquelle on place les moitiés de bouchon qui y sont retenues par une pointe. On enserre l'endroit greffé dans cette pince, les deux parties du bouchon se réunissent ; on place à ce moment les fils de fer dans les vides qui existent exprès dans les mâchoires, et on ligature.

D'après M. Simonet, les précautions à prendre avant ce greffage sont les suivantes : au moment de tailler la vigne, laisser sur chaque pied deux ou trois et même cinq ceps, que l'on coupe à cette époque à 20 centimètres. Vers le commencement de mai, il faudra opérer sur chaque sarment avec le sécateur une première décapitation de 4 à 5 centimètres, dans le but de provoquer un fort écoulement de sève; 8 ou 10 jours après, recommencer cette opération, et enfin, 4 à 5 jours avant le greffage, décapiter de nouveau à quelques centimètres seulement du point où le greffon devra être placé. Ces trois sortes de décapitations successives auraient pour résultat de ralentir sa force de végétation, de façon à la rendre aussi semblable que possible à celle du greffon. Pendant l'opération du greffage, avoir le plus grand soin des jeunes pousses du pied mère qui sont déjà développées en dessous du point greffé. Ces pousses serviront d'appel et absorberont la sève que le greffon ne sera pas encore en état d'absorber seul.

Aussitôt que l'on s'aperçoit que les bourgeons du greffon entrent en végétation, on opère le pincement des autres bourgeons qui se trouvent sur la souche, et lorsqu'on juge que le greffon est assez développé pour absorber à lui seul la sève, on coupe radicalement tous les bourgeons gourmands. On peut enlever les bouchons au bout de trois mois ou les laisser un an.

Greffe à talon. — Elle ne s'exécute que sur les vieilles souches françaises que l'on veut transformer en américaines avant leur complète disparition par les attaques du phylloxéra. On coupe la souche à 3 ou 4 centimètres au-dessous du niveau du sol, et on la fend sur l'un des côtés, comme nous l'avons déjà dit pour la greffe en fente simple. On choisit une bouture légèrement courbée et possédant autant que possible un talon (fig. 19); on l'amincit au milieu de sa longueur en forme de lame de couteau, et on l'in-

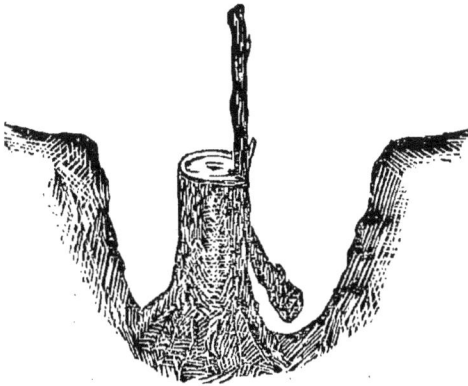

Fig. 19. — Greffe à talon.

troduit. dans la fente du sujet. Pour faciliter l'enracinement, on enlève, au moyen de la serpette, quelques morceaux d'écorce sur la partie qui se trouve dans le sol et on enterre le tout, en laissant sortir de la butte un ou deux bourgeons.

Greffe Fermaud. — M. Fermaud a modifié ce procédé de greffage. La souche étant coupée horizontalement et fendue, on pratique sur l'un des côtés de la fente, au moyen d'une gouge spéciale, une excavation qui se termine en biseau au haut de la fente. La bouture que l'on veut y greffer est entaillée au milieu de sa longueur en forme de languette à laquelle on a soin d'enlever à l'extérieur un peu d'écorce ; c'est cette languette que l'on introduit dans la fente (fig. 20). Le reste de la bouture se trouvera ainsi dans l'entaille, et on enlèvera de même de

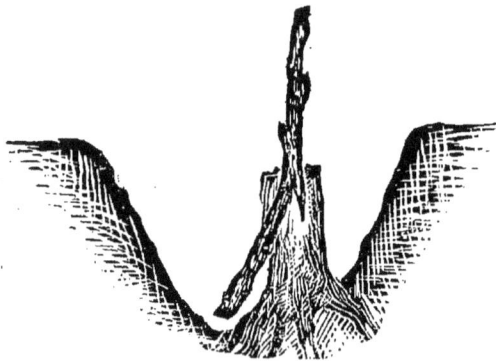

FIG. 20.— Greffe Fermaud.

l'écorce sur la partie qui se trouve dans le sol.

Tous ces divers systèmes de greffage sur place doivent être faits autant que possible avec la serpette, qui donne des sections très nettes. Pour les greffes-boutures, on pourra faire usage de machines à greffer qui facilitent et augmentent le travail ; malheureusement, au bout d'un certain temps, elles présentent presque toutes l'inconvénient de mâcher le bois. Les machines les plus recommandables sont celles de MM. Comy, Petit, Roussin et Leydier.

* *
*

SOINS A DONNER AUX GREFFES

Pour obtenir des souches greffées bien droites, vous aurez, Messieurs, la précaution, avant de butter la greffe, de planter à côté un piquet contre lequel vous attacherez plus tard les pousses du greffon, qui échapperont de cette manière aux secousses du vent.

Le plus souvent, lorsque le greffon ne possède que deux bourgeons, on l'enterre complètement ; s'il en possède trois, on en laisse un dehors. Il arrive très souvent que dans les terrains pierreux, où le buttage est fait dans de très mauvaises conditions, le greffage ne réussit que très médiocrement.

Pour ces sortes de terrains, il existe un procédé qui est des plus simples et qui place les greffes dans les mêmes conditions que celles qui sont faites dans les sols les plus meubles. Voici en quoi consiste ce procédé : une fois la greffe finie, on met par dessus un tuyau de poêle de 0,40 de hauteur, évasé à sa partie supérieure; on y coule dedans du sable ou de la terre très fine, et on butte ensuite la terre contre le tuyau. L'opération finie, on enlève ce dernier, et la greffe se trouve dans un milieu favorable à sa reprise.

Au bout de quelques mois les greffons doivent être visités, afin d'enlever les racines qui ont pu se développer. Cette opération est indispensable ; il faut même la répéter plusieurs fois dans le courant de l'année, car, si on laissait se développer ces racines françaises, elles vivraient au détriment des racines américaines, le greffon grossirait et le pied resterait stationnaire ou pourrait éclater.

Un autre inconvénient c'est que la souche. ayant deux sources d'alimentation, se développe outre mesure, et lorsque les racines françaises disparaissent par les piqûres du phylloxéra, les racines américaines n'étant pas assez développées pour donner subsistance à la souche, cette dernière reste chétive, et on est quelquefois obligé de la remplacer.

Il faut avoir soin d'enlever aussi les drageons au fur et à mesure qu'ils poussent, car ils se nourrissent au détriment du greffon. Pour les enlever, il ne faut pas tirer dessus, mais il faut déchausser la souche et les couper avec la serpette.

Si l'on n'a pas eu soin de mettre un piquet en même temps que le greffon, il faudra laisser la butte de terre toute l'année. On s'exposerait à faire

geler le point de soudure si on venait à l'enlever
pendant l'hiver, parce qu'étant resté tout l'été dans
le sol, il n'est pas assez lignifié pour résister à des
températures de quelques degrés au dessous de
zéro.

Lorsqu'au contraire on a eu soin de placer le piquet et qu'on y a attaché les sarments, on enlève la
butte deux ou trois mois après le greffage. Les soudures obtenues ainsi sont bien lignifiées, et le greffon, étant au contact de l'air, n'émettra plus de racines. Si dès la première année du greffage le greffon
produit des fruits, on devra les enlever lorsque les
sujets auront un an; s'ils sont plus âgés, on pourra
les laisser.

L'hiver suivant, il faudra soumettre les pousses à
une taille vigoureuse, sachant que le greffage pousse
à la fructification, et que laisser un trop grand
nombre de têtes ou de bourgeons serait vouloir
épuiser les souches.

*
* *

GREFFAGE SUR BOUTURES ET SUR RACINÉS

Tous les soins que nous venons de vous décrire
n'ont plus leur raison d'être si l'on a fait usage pour
les plantations de greffes-boutures. C'est un mode
de multiplication qui consiste à greffer en fente anglaise, avec un greffon à un ou deux yeux, des bou-

tures d'une longueur de 0,25 à 0,30. On ligature soit avec une feuille de plomb ou de caoutchouc maintenue avec de la ficelle ou du raphia, soit avec le bouchon Alliès, soit encore seulement avec du raphia.

Ce greffage peut être fait chez soi, en hiver, alors que les travaux de la campagne chôment, et les greffes ainsi obtenues sont conservées en stratification dans du sable sec, pour être mises en pépinière aux mois de mars, avril et même mai.

Pour bien réussir, on devra établir autant que possible la pépinière dans un terrain léger, bien ameubli et fertile pouvant être soumis à l'arrosage. On place les greffes-boutures à une distance de 10 à 15 centimètres les unes des autres, dans un fossé de 0,25 de profondeur sur 0,30 de large. Les rangées sont séparées par une largeur de 0,50. On met au fond une couche de sable destinée à favoriser l'enracinement, puis une couche de terre arrivant jusqu'à la soudure, que l'on tasse fortement; enfin on comble le fossé. Pour garantir les greffons du contact de l'air, on forme une butte continue de sable ou de terre très fine.

On opèrera pendant le courant de la végétation des binages ; fin juillet on visitera les greffes, pour couper les racines françaises émises, et on donnera des arrosages.

En vue de pouvoir sélectionner les greffes-boutures au sortir de la pépinière, on devra faire le double et même davantage de greffes que ce que l'on croit avoir besoin. On est assuré de cette manière d'avoir un vignoble uniforme et sans vides, ce qui n'a pas lieu avec les greffes sur place, puisqu'on n'a que dans des conditions exceptionnelles une reprise de 98 et même 100 p. º/o.

On reproche toutefois au premier système d'avoir moins de vigueur et d'être moins fructifère pendant les premières années que le second, à cause de la transplantation qu'on lui fait subir. Il est vrai, mais au bout de quelques années, si on compare les deux vignobles, on verra d'un côté des souches différemment âgées par suite des greffages successifs qu'il aura fallu faire pour pouvoir régulariser la plantation, et des greffes qui semblant avoir réussi la première année présenteront des imperfections dans leurs soudures qui auront nui à la vitalité du greffon ; tandis que de l'autre côté on verra des vignes régulières comme on les obtenait avec les plants français et on n'aura pas eu à s'occuper des greffes.

On peut encore greffer les boutures enracinées en pépinière sur place pour avoir plus de chances de réussite, puisque la greffe n'aura qu'à se souder sans avoir à s'enraciner en même temps. On choisira pour mettre en pépinière des plants de grosseur moyenne, que l'on mettra à une distance de 12 à 15 centimètres environ, en donnant aux lignes un écartement de 80 centimètres, qui facilitera le développement de la bouture en même temps que l'opération du greffage. Cette opération sera faite au printemps d'après, et on traitera les greffes sur racinés de la même manière que les greffes sur boutures.

TAILLE

La taille est une des opérations les plus importantes dans la culture de la vigne ; aussi pensons-
nous qu'il soit utile de vous indiquer les principes
qui en régissent la bonne exécution.

Vous ne devez pas ignorer que, suivant les régions et les cépages cultivés, la vigne exige telle ou
telle taille pour donner son maximum de fructification sans s'épuiser.

Ces tailles portent différents noms suivant la
forme qu'elles affectent : dans le Loir-et-Cher, dans
le Jura, dans l'Isère on fait des tailles à grand développement, connues sous le nom de chaintres,
espaliers, treilles. Dans le département c'est la
taille au gobelet qui se pratique, taille non à grand
développement.

On a cherché à perfectionner les tailles à grand
développement, et ces perfectionnements ont amené
les systèmes Guyot, Cazenave, Sylvoz, d'une application très avantageuse et qu'on rencontre dans le
Dauphiné, le Bordelais, etc.

Dans la Haute-Savoie il existe des vignes élevées

tout simplement sur des arbres morts, de sorte que la taille se trouve à formation irrégulière dirigée seulement par les branchages. On peut donc classer les vignes en deux grandes catégories : celles à formation régulière et celles à formation irrégulière. Les premières sont les plus adoptées aujour d'hui sous les formes suivantes : gobelet, espalier et cordon.

Selon que l'on choisit l'une ou l'autre de ces formes vous devez comprendre, Messieurs, que la partie de sarment à laisser sur la souche devra avoir des longueurs variables; si elle ne possède que deux ou trois bourgeons, elle est appelée courson et constitue la taille courte; si, au contraire, elle dépasse ce nombre de bourgeons, elle est appelée long bois dans nos pays, aste dans le Médoc et constitue la taille longue.

A-t-on intérêt à soumettre ainsi la vigne à ces diverses tailles? Ici la pratique répond pour nous. Nul n'ignore, en effet, que, si on laissait la vigne en liberté on obtiendrait des récoltes non seulement peu abondantes, mais de mauvaise qualité, à cause du peu de grosseur que prennent les raisins et de leur lente maturité, que d'autre part les travaux de culture seraient rendus impossibles, tandis qu'il qu'il nous est bien démontré aujourd'hui que la vigne peut être soumise aux différents modes de taille que nous avons cités sans qu'elle ait à en souffrir, puisque, malgré la taille barbare que l'on pratique ici et dans d'autres départements, on n'obtient pas moins de 250 à 300 hectolitres de vin à l'hectare. La taille sert encore à maintenir la production chaque année et à assurer la santé et la longévité de la souche, tout en donnant de meilleurs produits.

La taille à gobelet, que vous pratiquez ici, s'impose pour différentes raisons : d'abord à cause de la propriété même des cépages que vous cultivez, qui ont leurs bourgeons à fruits à la base des sarments, à cause des grands vents et de la facilité des cultures, enfin parce que le sol a besoin d'être bien préservé contre les sécheresses prolongées de l'été. Elle permet, en effet, d'abriter les raisins contre les ardeurs du soleil, les tient suspendus à une certaine hauteur du sol et fait la part la mieux raisonnée de l'air, de la lumière et de la chaleur, ces trois éléments indispensables à la vie de toute plante.

Aucun autre mode de taille ne vous donnerait également tous ces avantages : ni la taille Guyot, qui consiste à laisser sur la souche un sarment de 1m20 à 1m30 destiné à porter fruit, que l'on couche horizontalement et qu'on lie à un piquet à une hauteur de 0m10 à 0m20 du sol, à en conserver un autre opposé, taillé à 2 yeux, qui servira l'année d'après à remplacer le long bois ; ni la taille Cazenave, qui consiste à former les souches en cordons horizontaux sur un fil de fer distant de 0,50 du sol et à palisser sur deux autres, l'un distant du premier de 0,35 et l'autre de 0,75, les coursons qui seront taillés sur deux yeux, de façon à donner dans le courant de la végétation deux sarments, dont l'un sera taillé pendant l'hiver sur deux yeux et l'autre à 0,50 de longueur.

On a essayé d'apporter certaines modifications dans la taille à gobelet, en vue surtout d'un cépage américain bien connu de vous : le Jacquez. Ces modifications consistaient à fixer un des coursons de la souche ayant 0,40 à 0,50 de longueur contre un piquet ou bien de le disposer en tire-bouchon autour de ce dernier; enfin, de transformer en cerceau un long bois comme je vous l'ai déjà décrit en vous conseillant cette taille pour ce cépage.

Avant de vous énumérer les opérations à faire pour obtenir une taille à gobelet irréprochable, nous tenons à vous donner quelques principes de physiologie tracés par des auteurs compétents et admis par MM. le comte Odart, Dubreuil, Marès, Foëx...., etc.

1er *Principe.* — Moins la sève est entravée dans sa circulation et moins elle produit de fruits ; en conséquence, si vous voulez produire du bois, taillez court ; du fruit, taillez long.

2e *Principe.* — L'équilibre de la végétation et l'égale répartition de la sève s'obtiennent en contrariant la végétation des parties vers lesquelles la sève se porte avec trop d'abondance, et favorisant celle des parties où elle arrive trop maigrement: en conséquence, taillez court les parties faibles, long les fortes.

3e *Principe*. — La sève se porte toujours sur les
yeux les plus élevés: en conséquence, par une
taille trop longue les bourgeons inférieurs s'oblitè-
rent ou se développent mal, les supérieurs absor-
bant la plus grande quantité de sève.

4e *Principe*. — Il ne se développe de fruits que
sur le bois de l'année précédente : en conséquence,
les bourgeons adventifs sortis du corps ou du pied
de la souche sont stériles.

5e *Principe*. — Sur une branche, le deuxième œil
est plus fertile que le premier, le troisième plus que
le deuxième, et ainsi de suite ; en conséquence,
taillez court seulement dans le cas de cépages fertiles, long dans celui de cépages d'une mise à fruit
difficile.

6e *Principe*. — La sève se porte avec plus de ra-
pidité sur une branche verticale que sur l'horizontale ; en conséquence de ce principe et du premier
et pour un même cépage, la branche horizontale
sera plus fertile que la verticale.

7e *Principe*. — La qualité des fruits s'obtient toujours au détriment de la quantité et réciproque-
ment ; en conséquence, peu de grappes et bon vin;
beaucoup, et mauvais.

La pratique de la taille annuelle bien comprise
faite dans le département se trouve englobée dans
ces sept principes ; leur application se trouve
d'ailleurs indiquée dans le choix, le nombre et la

longueur des coursons à laisser sur chaque souche.

Dans le choix du courson on doit veiller à avoir
une bonne formation de la souche pour obtenir
une meilleure aération, faciliter sa manière de vé-
géter, qu'elle ait le port érigé ou rampant, et, enfin,
faire la distinction entre la branche à fruit et celle
à bois.

Pour obtenir une bonne formation de la souche,
on choisira les coursons qui peuvent lui donner la
forme d'un gobelet le plus régulier possible, ce
qui nous indique déjà que la souche devra être
pourvue de bras, qui rayonneront régulièrement du
centre vers la circonférence.

Dès la première année on établit le pied en lui
donnant une hauteur de 0,15 à 0,20, en ayant soin
de lui conserver un courson taillé à deux yeux. Si
le pied n'a pas la hauteur voulue, on laisse au courson la longueur nécessaire pour la lui donner.
Pour avoir des souches bien droites, il faut mettre
un tuteur s'il n'y est déjà, comme nous l'avions re-
commandé au greffage.

La deuxième année on a déjà deux bras, dans le
premier cas, que l'on devra tailler à deux yeux ;
dans le deuxième cas, on supprime tous les bourgeons, à l'exception des deux de la partie supérieure, qui fourniront la première bifurcation.
Pour les vignes situées dans les terrains humides
ou exposés aux inondations, on les taille à une
hauteur de 35 à 40 centimètres, de sorte que la

bifurcation ne sera obtenue que la troisième année.

La troisième année les deux bras sont taillés sur deux yeux, et l'on obtient ainsi 4 pousses.

On continue de la même façon en veillant à ce que la bifurcation des bras soit régulière et que leur nombre soit toujours en rapport avec la vigueur du cépage et la fertilité du sol.

Dans le département on ne donnait guère que trois bras aux souches dans les anciens vignobles; mais, aujourd'hui, il ne doit plus en être de même, les terrains affectés à la vigne n'occupant plus non seulement les coteaux, mais les bonnes terres, qui étaient réservées autrefois à d'autres cultures, garance, fourrages, céréales. Par conséquent le terrain s'étant modifié, la végétation doit l'être aussi; c'est pourquoi il faudra donner cinq et six bras aux souches (fig. 21). On arrive à ce résultat au bout de 5 à 6 ans.

Fig. 21.

La souche possédant le nombre de bras voulus sera taillée chaque année d'après quelques prescriptions bien simples, que voici.

On tâchera de distancer également les coursons pour favoriser l'aération de la souche; si l'on n'a-

5

gissait pas ainsi, les bourgeons pousseraient dans tous les sens et ne tarderaient pas à envahir l'espace qui doit rester libre entre les pousses et à empêcher les raisins de venir à bien.

Suivant le mode de végétation du cépage, le choix des coursons devra varier : pour l'Aramon, le Petit-Bouschet, etc., qui possèdent des sarments rampants, il faut conserver de préférence les coursons qui ont une direction verticale, ce qui veut dire qu'il faut resserrer plutôt la souche que l'ouvrir. Au contraire, pour les espèces à sarments érigés, comme par exemple le Carignan, le Morrestel, la Clairette, la Conoïzo, le Mataro, etc., on choisira les coursons qui ont une direction un peu horizontale, c'est-à-dire qu'on ouvrira la souche.

Enfin, vous ne devez pas ignorer que les seuls coursons qui peuvent donner des raisins sont ceux venus sur du bois de l'année précédente et que ceux qui seront sortis sur le corps de la souche sont stériles.

Dans l'ablation du bois inutile nous avons à distinguer trois cas :

1º Le sarment doit disparaître en entier. Vous devez alors vous appliquer à l'enlever bien ras de la souche ou du bras, de manière à faciliter le lent recouvrement de la plaie.

2º Le sarment doit fournir un courson à la souche. Dans ce cas, nous vous recommandons, toutes les fois que la longueur du courson ne devra pas être une gêne pour les travaux de labours, d'opérer

la section sur l'œil immédiatement supérieur à celui que vous voulez conserver. La place exacte où elle sera faite est déterminée par une légére protubérance noire, qui indique la partie ligneuse séparant les deux mérithalles (fig. 21). Cette simple précaution suffira pour que le froid ni la pluie ne pénètrent au travers de la moelle du sarment et ne désorganisent l'œil supérieur du

Fig. 22.

courson. Enfin, les insectes ne trouveront pas là non plus un endroit propice pour y déposer leurs œufs. Si cette taille n'était pas possible sur des sarments à mérithalles, très longs, pour éviter l'allongement du courson on ferait la section sur le milieu du mérithalle, de manière à lui donner la forme de biseau, pour faciliter l'égouttement des rosées ou des pluies.

3o Ce cas est celui du retranchement d'une grosse branche ou du bois mort. On devra aplanir cette fois avec grand soin la plaie, qui, sans cette précaution, se cicatriserait mal et pourrait devenir une cause de pourriture pour la souche.

L'opération de la taille est rendue plus facile, grâce au remplacement de la serpette par le sécateur. Ce dernier doit être léger, bien affilé et ne doit porter aucun mécanisme pour le faire ouvrir, les deux mains étant nécessaires pour le manier. Lorsqu'on se sert de cet instrument on doit avoir soin de placer toujours le crochet en dessus, de manière que la partie du sarment exposée à être comprimée par la pression disparaisse par la coupe.

L'époque de la taille peut être comprise entre le 15 novembre et le 15 mars, c'est-à-dire à partir de la chute des feuilles jusqu'au moment où la végétation s'éveille. Elle ne doit être interrompue que pendant les fortes gelées, qui donneraient lieu à l'éclatement du bois.

On a remarqué que la taille faite dès le mois de novembre hâte la végétation, et qu'au contraire celle faite en fin février la retarde. Si donc les plantations sont exposées aux gelées, elles devront être taillées tardivement ; vous pourrez même, si bon vous semble, faire la taille en deux fois : dans le courant de l'hiver vous nettoierez les souches en enlevant tous les sarments qui ne doivent pas porter fruit et vous taillerez ceux qui doivent fournir les coursons à 40 ou 50 centimètres ; lorsque les gelées ne seront plus à redouter, sans pourtant trop retarder, vous les retaillerez sur deux yeux francs. Vous pourrez ainsi par ce moyen sauver dans beaucoup de cas la récolte.

APPENDICE

———

Vous n'ignorez pas, Messieurs, qu'il faut une période de quatre ans pour obtenir de la vigne une bonne production, et que dans ces quatre ans il faut lui sacrifier une certaine avance d'argent. Le gouvernement de la République, toujours soucieux de vos intérêts, en présence de la nécessité de la reconstitution, a voulu, dans la mesure du possible, favoriser les plantations ; il a exonéré de l'impôt foncier, par la loi du 1er décembre 1887, les terrains nouvellement plantés en vignes dans les départements ravagés par le phylloxéra.

Voici les principaux articles que porte le décret, qui a paru le 2 mai 1888 :

1o Tout contribuable qui veut jouir de l'exemption temporaire d'impôt foncier édictée par la loi du 1er décembre 1887 doit adresser à la Préfecture, pour l'arrondissement chef-lieu, et à la sous-préfecture pour les autres arrondissements, une déclaration contenant l'indication exacte des terrains par lui nouvellement plantés ou replantés en vignes.

2o Les déclarations sont établies sur des formules imprimées qui sont tenues dans toutes les mairies à la disposition des intéressés.

3º L'exemption spécifiée à l'article 1er est acquise à partir du 1er janvier de l'année qui suit celle pendant laquelle la plantation ou la replantation a été effectuée. Elle ne peut s'appliquer qu'à partir de l'année qui suit celle au cours de laquelle l'arrondissement a été pour la première fois, déclaré phylloxéré.

4º Les terrains qui sont exploités à la fois en vignes et en autres natures de cultures ne sont appelés à jouir de l'exemption d'impôt que pour la portion de revenu cadastral afférente à la vigne.

5º A l'égard des vignes nouvellement plantées pour être greffées sur place, le point de départ de l'exemption est déterminé non par le fait de la plantation ou de la replantation des ceps, mais par le fait du greffage.

6º Les déclarations doivent être effectuées au plus tard dans les trois mois de la publication du rôle de l'année où l'exemption est acquise aux termes des articles 3 et 5. Les déclarations qui seraient faites après l'expiration de ce délai ne donnent droit après l'expiration que pour les années restant à courir du premier janvier de l'année suivante au 31 décembre de celle au cours de laquelle les plants ou greffes compteront quatre années révolues d'existence.

7° Les délais fixés par l'article précédent pour la production des déclarations ne sont pas applicables à l'année 1888. Par mesure transitoire, les déclarations auxquelles pourront donner lieu pour ladite année les vignes plantées ou replantées depuis le 1er janvier 1884 seront recevables pendant trois mois à partir du jour de la promulgation du présent réglement.

8° Les déclarations n'ont pas besoin d'être renouvelées annuellement. Toute parcelle plantée ou replantée en vigne, qui a été reconnue avoir droit à une exemption temporaire d'impôt foncier continue à en jouir, nonobstant toute mutation.

PUBLICATIONS DU MÊME AUTEUR :

Maladies cryptogamiques de la vigne (Oïdium. — Mildiou. — Rot blanc. — Black-Rot. — Antrachnose). Moyens de les combattre.

La culture des fraises dans le département de Vaucluse. — Compte-rendu des expériences faites en vue de l'application des engrais chimiques à cette culture.

La culture maraichère et les engrais chimiques (épuisé).

Quelques variétés de blé traitées aux engrais chimiques (épuisé).

La culture du blé et les engrais chimiques (épuisé).

AVIGNON. — IMPRIMERIE SEGUIN FRÈRES.

www.ingramcontent.com/pod-product-compliance
Lightning Source LLC
Chambersburg PA
CBHW071254200326
41521CB00009B/1760